BEI GRIN MACHT SICH IHR WISSEN BEZAHLT

AF138514

- Wir veröffentlichen Ihre Hausarbeit,
  Bachelor- und Masterarbeit

- Ihr eigenes eBook und Buch -
  weltweit in allen wichtigen Shops

- Verdienen Sie an jedem Verkauf

Jetzt bei www.GRIN.com hochladen
und kostenlos publizieren

GRIN

Marco Schneider

Verfahrensauswahl und Kostenvergleich bei Baugeräten

GRIN Verlag

Bibliografische Information der Deutschen Nationalbibliothek:

Die Deutsche Bibliothek verzeichnet diese Publikation in der Deutschen National-
bibliografie; detaillierte bibliografische Daten sind im Internet über http://dnb.d-
nb.de/ abrufbar.

Impressum:

Copyright © 2002 GRIN Verlag GmbH
Druck und Bindung: Books on Demand GmbH, Norderstedt Germany
ISBN: 978-3-638-75739-3

Dieses Buch bei GRIN:

http://www.grin.com/de/e-book/10721/verfahrensauswahl-und-kostenvergleich-
bei-baugeraeten

GRIN - Your knowledge has value

Der GRIN Verlag publiziert seit 1998 wissenschaftliche Arbeiten von Studenten, Hochschullehrern und anderen Akademikern als eBook und gedrucktes Buch. Die Verlagswebsite www.grin.com ist die ideale Plattform zur Veröffentlichung von Hausarbeiten, Abschlussarbeiten, wissenschaftlichen Aufsätzen, Dissertationen und Fachbüchern.

Besuchen Sie uns im Internet:

http://www.grin.com/

http://www.facebook.com/grincom

http://www.twitter.com/grin_com

1.Semesterarbeit

zum Thema:
Verfahrensauswahl und Kostenvergleich bei Baugeräten

von

Marco Schneider

BA Mosbach

bei

Ed. Züblin AG
Bauunternehmung
Zweigniederlassung Mannheim
Floßwörthstraße 57
68199 Mannheim

Inhaltsverzeichnis:

1. Aufgabenstellung

Im Zuge einer Baumaßnahme für einen Bürogebäudeneubau im innerstädtischen Bereich soll die Baugrube ausgehoben werden. Durch eine Baugrunduntersuchung mittels Rammsondierungen ist bekannt, dass es sich bei dem vorgefundenen Baugrund um Böden der Klasse 3-4 (leicht bis mittelschwer lösbare Bodenarten) handelt, die auf Grund der Nähe zum Neckar und dessen umgebender Berge teilweise mit Sandstein-Findlingen (entspricht etwa Bodenklasse 6-7 / leicht bis schwer lösbarer Fels) durchsetzt sind.

Die Baugrube umfasst eine Fläche von ca. 50 x 60 Meter, vorgesehene Tiefe bis ca. 6,50 m, und ist an zwei Seiten, entlang einer stark frequentierten Straße, mittels Berliner Verbau und entsprechender Rückverankerung gesichert. Das zu erwartende Aushubvolumen beträgt ca. 20.000 m³. Auf dem Baugelände befinden sich keine Lagermöglichkeiten für Erdaushub bzw. später benötigtes Verfüllmaterial. Der gesamte Aushub wird mit Lastkraftwagen zu einer ca. 4 km entfernten Erdaushubdeponie transportiert.

Für den Baugrubenaushub soll das am besten geeignete Baugerät mit möglichst hohem Kosten-Nutzen-Faktor gewählt werden. Hierbei ist zu berücksichtigen, dass die möglichen Geräte die zu erwartenden Belastungen und Aufgaben erfüllen muss.

Zur Auswahl stehen folgende zwei, der Motor- als auch der Nutzleistung nach, vergleichbare Aushubgeräte:

1.   Hydraulik-Raupenbagger, auf Kettenfahrwerk, Tieflöffel 1,6 m³
      Gewicht ca. 26 to, Ausbrechkraft ca. 260 kN, Leistung 125 kW
      (hier: Zeppelin Cat 320/325 B o.ä.)

2.   Radlader, luftbereift, Schaufel 2,5 m³
      Gewicht ca. 13 to, Ausbrechkraft ca. 115 kN, Leistung 120 kW
      (hier: Zeppelin Cat 938 G o.ä.)

Im Vergleich werden die Gerätevorhaltekosten nach Baugeräteliste '91 (BGL '91), die Betriebsstoffkosten als auch die benötigte Dauer (über Stundenansätze) für den Baugrubenaushub berücksichtigt.

2. Gerätevorhaltekostenberechnung / -vergleich
(Basis BGL '91)

Vorhaltekostenberechnung für Baumaschinen
(Basis-Gerätekatalog Baugeräteliste (BGL) '91)

Bagger, 1,6 m³ Löffel, auf Ketten-Unterwagen

Lfd. Nr.	Geräte-Nr. (BGL '91)	An- zahl	Gerät	Anschlußwert PS	Anschlußwert kW	Gewicht (je Einheit) to	Gewicht (gesamt) to	Vorhalte- dauer Mon.	Abschreibung + Verzinsung (je Einheit) €	Abschreibung + Verzinsung (gesamt) €	Reparatur- kosten (je Einheit) €	Reparatur- kosten (gesamt) €	Lohnkosten- anteil (je Einheit) €	Lohnkosten- anteil (gesamt) €	Vorhaltekosten (je Einheit) €	Vorhaltekosten (gesamt) €
1.	3159. 0125	1 x	Raupenbagger, hydraulisch	170	125	26.000	26.000	1,5	3.896,37 € (7.560,00 DM)	5.798,05 €	2.945,04 € (5.760,00 DM)	4.417,56 €	1.176,02 € (2.304,00 DM)	1.757,02 €	7.896,43 €	11.952,64 €
2.	3152.1125	1 x	Monoblock-Ausleger, M-Hydraulzylinder			3.000	3.000	1,5	444,92 € (870,00 DM)	667,34 €	340,01 € (665,00 DM)	510,01 €	136,00 € (266,00 DM)	204,01 €	900,84 €	1.381,36 €
3.	3153.1135	1 x	Tieflöffel 1,60 m³ Volumen			1.300	1.300	1,5	132,94 € (260,00 DM)	199,40 €	102,26 € (200,00 DM)	153,39 €	40,90 € (80,00 DM)	61,36 €	276,10 €	414,15 €
4.	3152.4125	1 x	Stiel MH-Führerschneide			1.300	1.300	1,5	240,31 € (470,00 DM)	360,46 €	185,62 € (363,00 DM)	278,42 €	74,24 € (145,30 DM)	111,36 €	500,15 €	750,22 €
										1,96669 DM/€		**1,96588 DM/€**		**1,96583 DM/€**	**Summe:**	**9.685,50 € je Monat**

Berechnung Vorhaltekosten je Monat: 9.685,50 €
Angenommene Arbeitszeit je Monat: 168 h/Mo

Vorhaltekosten pro Stunde (h):   **57,65 €/h**

Radlader, 2,5 m³ Schaufel, luftbereift

Lfd. Nr.	Geräte-Nr. (BGL '91)	An- zahl	Gerät	Anschlußwert PS	Anschlußwert kW	Gewicht (je Einheit) to	Gewicht (gesamt) to	Vorhalte- dauer Mon.	Abschreibung + Verzinsung (je Einheit) €	Abschreibung + Verzinsung (gesamt) €	Reparatur- kosten (je Einheit) €	Reparatur- kosten (gesamt) €	Lohnkosten- anteil (je Einheit) €	Lohnkosten- anteil (gesamt) €	Miete (je Einheit) €	Miete (gesamt) €
1.	3330.0120	1 x	Radlader 2,5 m³ Schaufelvolumen	180	120	13.000	13.000	1,5	4.023,42 € (7.840,00 DM)	6.035,12 €	3.089,20 € (6.040,00 DM)	4.852,90 €	1.295,28 € (2.418,00 DM)	1.952,92 €	8.526,90 €	12.490,95 €
2.		1 x	Bereifung als Verschleiß					1,5	306,78 € (620,00 DM)	460,16 €					306,78 €	460,16 €
										1,96669 DM/€		**1,96583 DM/€**		**1,96669 DM/€**	**Summe:**	**8.633,67 € je Monat**

Berechnung Vorhaltekosten je Monat: 8.633,67 €
Angenommene Arbeitszeit je Monat: 168 h/Mo

Vorhaltekosten pro Stunde (h):   **51,39 €/h**

3. Betriebsstoffkostenkostenberechnung / -vergleich
(Basis BGL '91)

Betriebsstoffkostenberechnung für Baumaschinen

(Basis: Gerätedaten / -kosten Baugeräteliste (BGL) '91)

Geräte-Nr. (BGL '91)	An-zahl	Gerät	Anschlusswert [PS]	Anschlusswert [kW]	Kraftstoff-verbrauch (Diesel) [l / kWh]	Kraftstoff-bedarf (Diesel) [l / h]	Kraftstoff-kosten (Diesel) [€ / l]	Kraftstoff-kosten (Diesel) [€ / h]	Schmierstoff-anteil [%]	Schmierstoff-kosten (Diesel) [€ / h]	Betriebsstoff-kosten (gesamt) [€ / h]
3150 - 0125	1 x	Raupenbagger, hydraulisch	170	125	0,20	25,00	0,88	22,00 €	20 %	4,40 €	26,40 €
3330-0120	1 x	Radlader, 2,5 m³ Schaufelvolumen	163	120	0,20	24,00	0,88	21,12 €	20 %	4,22 €	25,34 €

4. Gerätegesamtkostenvergleich
(Basis Gerätedaten / -kosten nach BGL '91)

Gesamtkostenvergleich:

Raupenbagger, hydraulisch

Vorhaltenkosten	57,65 € / h
Kosten für Betriebs- u. Schr	26,40 € / h

Gesamt:	84,05 € / h

Radlader, 2,5 m³ Schaufelvolumen

Vorhaltenkosten	51,39 € / h
Kosten für Betriebs- u. Schr	25,34 € / h

Gesamt:	76,73 € / h

5. Bewertung aus Sicht der Betriebs- und Vorhaltekosten

Es wurden zwei Maschinen mit vergleichbarer Leistung ausgewählt, die eine gerätespezifische Nutzleistung entsprechend der nachfolgenden Berechnung haben.

Im direkten Kostenvergleich stellt sich heraus, dass der betrachtete Radlader in den Vorhaltekosten um 6,26 € / h günstiger ist als der vergleichbare Hydraulikbagger auf Kettenunterwagen.

Bei den Kosten für Betriebs- und Schmierstoffe ist der Radlader auf Grund seiner etwas geringeren Motorleistung ebenfalls günstiger, und zwar um 1,06 € / h.

Somit beträgt der Gesamtkostenvorteil des Radladers ungefähr 7,32 € / h.

6. Geräte-Nutzleistungsvergleich
(Basis Gerätedaten der Hersteller, hier „Zeppelin Cat")

Hydraulikbagger für Aushub Baugrube auf LKW

Motorleistung	125	[kW]
$V_{Löffel}$	1,6	[m³]
Spielzahl n	150	[1/h]
$f_{Ausbrechen}$	0,66	[-]
$f_{Füllung}$	0,95	[-]

Grundleistung

$$Q_G = V * n * f_A * f_F = \boxed{150,48 \text{ m}^3/\text{h}} \qquad 0,007 \text{ h/m}^3$$

Radlader für Aushub Baugrube auf LKW

$V_{Schaufel}$	2,5	m³
$f_{Ausbrechen}$	0,6	[-]
$f_{Füllung}$	0,89	[-]
$t_{Füllen}$	30	[1/h]
$t_{Entleeren}$	8	[1/h]
t_{Fahren}	38	[1/h]
$T_H =$ Summe t	76	[1/h]

Grundleistung

$$Q_G = V * f_A * f_F * 6000/T_H = \boxed{105,39 \text{ m}^3\text{fest/h}} \qquad 0,009 \text{ h/m}^3$$

7. Bewertung aus Sicht der Geräte-Nutzleistung

Aus der theoretischen Geräte-Nutzleistungsberechnung besitzt der gewählte Hydraulikbagger einen relativ hohen Vorteil in Bezug auf die stündliche Aushubleistung gegenüber dem Radlader.

Dieser resultiert aus dem geringen Zeitaufwand für das Beladen der Lkw's auf Grund der hohen Spielzahl (Anzahl der möglichen Ladevorgänge innerhalb einer Stunde) des Hydraulikbagger. Dem gegenüber benötigt der Radlader mehrere Rangierfahrten für das Lösen und Laden des Aushubgutes.

Im direkten Nutzleistungsvergleich benötigt der Hydraulikbagger rund 0,002 h/m³ weniger als der Radlader, was ihm auf die gesamte Dauer der Aushubphase einen deutlichen Kostenvorteil verschafft.

Dies bedeutet in Zahlen ausgedrückt (Aushubvolumen ca. 20.000 m³):

Hydraulikbagger

20.000 m³ x 0,007 h/m³ = **140 h** / 8 h/AT = **17,5 AT** (Arbeitstage)

Radlader

20.000 m³ x 0,009 h/m³ = **180 h** / 8 h/AT = **22,5 AT** (Arbeitstage)

Dies bedeutet auch, dass beim Aushub mittels Hydraulikbagger die Folgearbeiten nach dem Aushub etwa 5 Arbeitstage früher beginnen können als beim Aushub mittels Radlader.

8. Bewertung unter Betrachtung aller Gesichtspunkt

Den relativ hohen Gesamtkostenvorteil aus den Vorhalte- und Betriebsstoffkosten von 7,32 €/h des Radladers kann der Hydraulikbagger auf Grund der besseren Geräte-Nutzleistung deutlich ausgleichen.

Für die Gerätekosten des Aushubes bedeutet dies:

mittels **Hydraulikbagger**

140 h x 84,05 €/h = 11.767,00 €

mittels **Radlader**

180 h x 76,73 €/h = 13.811,40 €

Hierbei findet jedoch der Faktor „Personal" (z.B. Geräteführer und Helfer) noch keine Berücksichtigung. Dies trägt ebenfalls einen nicht unerheblichen Beitrag zur Entscheidung für den Hydraulikbagger bei, da kürzere Geräteeinsatzdauer auch eine kürzere Personaleinsatzdauer bedeutet, was wiederum eine Kostenersparnis zur Folge hat.

Auch aus Sicht der zu erwartenden Bodenverhältnisse von Bodenklasse 3-4, in Teilbereichen auch von Bodenklasse 6-7 sowie der erforderlichen Baugrubentiefe von über 6,00 m ist der Hydraulikbagger in Bezug auf Kraft, Beweglichkeit und Verschleiß die bessere Alternative.

Ebenfalls für die Verfüllarbeiten ist der Hydraulikbagger die bessere Alternative, da er auf kleinstem Raum noch seine volle Beweglichkeit besitzt, während der Radlader einen relativ hohen Platzbedarf zum Rangieren und Manövrieren benötigt. Auf Grund der beengten Platzverhältnisse auf der Baustelle war dies nicht möglich.

BE-Fläche / Baustellenzufahrt   Arbeitsraum (vor Verfüllarbeiten)

9. Ablaufbeschreibung der Erdarbeiten

- Vorgesehen ist der Aushub der Baugrube in zwei Abschnitten, bzw. in zwei Lagen.

- Der gewählte Hydraulikbagger (125 kW, 1,6 m³ Tieflöffel) beginnt mit dem Aushub der ersten Lage bis zu einer Tiefe von ca. 4,00 m unter OK Gelände. Hierbei bildet er eine Rampe mit einer Böschungsneigung von etwa 20 % innerhalb der Baugrube aus, auf der Lkw's zum Beladen in die Baugrube einfahren können.

- Der Baugrubenaushub wird mittels 9 Lkw's (Vierachser, Ladevolumen ca. 17 m³) zur angegebenen Erdaushubdeponie in ca. 4 km Entfernung transportiert.

- Nach dem Aushub der ersten Lage wird die Baugrube von dem Hydraulikbagger bis auf eine Tiefe von ca. 6,50 m unter OK Gelände (=UK Bodenplatte) ausgehoben.

- Während der Hydraulikbagger den Aushub der Baugrube rückwärts tätigt, beginnt ein Minibagger (z.B. Zeppelin Cat 302.5, Leistung 17 kW, 0,1 m³ Tieflöffel) mit dem Aushub der Einzel- und Streifenfundamente.

- Der Hydraulikbagger (125 kW, 1,6 m³ Tieflöffel) verlässt die Baugrube rückwärts über die Rampe und baut diese dabei ab.

- Nach Beenden des Fundamentaushubes beginnt der Minibagger (17 kW, 0,1 m³ Tieflöffel) mit dem Ausheben der Gräben für Rohre und Schächte der Grundleitungen.

- Der Hydraulikbagger (125 kW, 1,6 m³ Tieflöffel) verlässt nach Beenden des Baugrubenaushubes, der Minibagger nach Beenden des Grabenaushubes für die Grundleitungen die Baustelle.

- Für die Verfüllarbeiten nach Abschluss der Rohbauarbeiten im Bereich des 2.Untergeschosses bis 1.Obergeschosses wird der Hydraulikbagger (125 kW, 1,6 m³ Tieflöffel) wieder auf die Baustelle transportiert.

(Hydraulikbagger bei Verfüllarbeiten)

10. Ablauf Baugruben- und Fundamentaushub

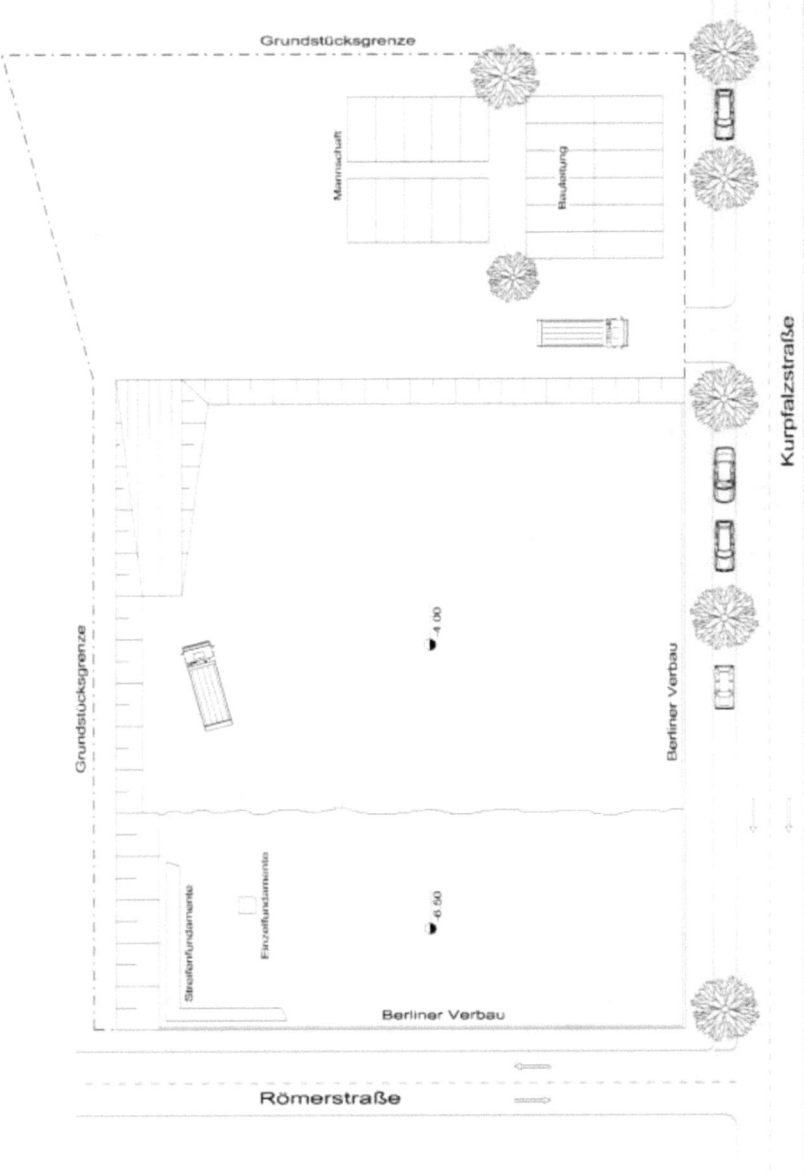

11. Literaturverzeichnis und Bildquellen

11.1 Literaturverzeichnis

[1] BGL-Baugeräteliste 1991
    Technisch-wirtschaftliche Baugerätedaten, Bauverlag, 1991

[2] Preisermittlung für Bauarbeiten, 24. Auflage
    Karl Plümecke, Rudolf Müller Fachbuch, 1995

[3] Kalkulation von Baupreisen
    Gerhard Drees u. Wolfgang Paul, Bauwerk Verlag, 2002

11.2 Bildquellen

[1] Zeppelin-Caterpillar, Produktbeschreibungen
    http://www.zeppelin.de/D/pdf/928G.pdf, Abfrage vom15.08.2002
    (Aufgabestellung, Seite 3, unten)

[2] Eigene Fotos,
    erstellt am 28.06.2002,
    (Seite 3, oben sowie Seiten 9 und 10, unten)
    Baustelle „Bürohaus am Park" der Ed. Züblin AG, Zweigniederlassung Mannheim